[標高]

4000m

3500m

御嶽山 3067m
[長野県・岐阜県]

3000m

2500m

男体山 2486m
[栃木県]

岩手山 2038m
[岩手県]

2000m

開聞岳 924m
[鹿児島県]

1500m

大室山 580m
[静岡県]

1000m

500m

0m

5km　　　6km　　　7km　　　8km

この本に出てくる山々

［順不同］

北海道

有珠山［北海道］

渡島駒ヶ岳［北海道］

昭和新山［北海道］

樽前山［北海道］

十勝岳［北海道］

雌阿寒岳［北海道］

羊蹄山［北海道］

東北

八甲田山［青森県］

岩手山［岩手県］

秋田駒ヶ岳［岩手県・秋田県］

八幡平［秋田県・岩手県］

鳥海山［秋田県・山形県］

吾妻山［福島県］

磐梯山［福島県］

関東・中部

伊豆大島［東京都］

三宅島［東京都］

日光白根山［栃木県・群馬県］

赤城山［群馬県］

草津白根山［群馬県・長野県］

榛名山［群馬県］

浅間山［群馬県・長野県］

御嶽山［長野県・岐阜県］

焼岳［長野県・岐阜県］

富士山［山梨県・静岡県］

新潟焼山［新潟県］

妙高山［新潟県］

白山［石川県・岐阜県］

雲ノ平［富山県］

中国・四国

大山［鳥取県］

九州

雲仙岳［長崎県］

眉山［長崎県］

九重山［大分県］

由布岳［大分県］

開聞岳［鹿児島県］

阿蘇山［熊本県］

新燃岳［鹿児島県］

口永良部島［鹿児島県］

桜島［鹿児島県］

十勝岳
北海道

八甲田山
青森県

吾妻山
福島県

白山
石川県・岐阜県

日光白根山
栃木県・群馬県

草津白根山
群馬県・長野県

◎監修◎
鈴木毅彦
東京都立大学 都市環境学部
地理環境学科教授

調べてわかる！

日本の山

③火山のしくみと防災の知恵

富士山・浅間山・雲仙岳・有珠山ほか

由布岳
大分県

九重山
大分県

阿蘇山
熊本県

汐文社

噴石を飛ばす新燃岳
2011(平成23)年1月、
爆発的な噴火を起こし
た鹿児島県の新燃岳。

火山ってなんだろう？

⦿ 私たちは火山の国に暮らしている

　地球内部でできたマグマ（溶けた岩石）が地表に噴出して積もり、山となったものが火山です。火山というと噴煙を上げている円錐形の山を思い浮かべませんか？　けれど日本には、噴煙を上げていなくても、噴火の可能性が高い山は数多くあります。一見火山に見えない山でも、侵食などにより地形が変わっただけで、実は火山というところも少なくありません。私たちが住んでいるのは、火山の国なのです。

　噴火は時に大きな被害をもたらしますが、一方でめぐみももたらします。心安らぐ温泉や美しい風景もつくり出すのです。

▌ 火山の噴火は怖いけれど、自然の恩恵ももたらす

監視カメラ
噴火の可能性のある火山を24時間監視する。

カルデラ
噴火で地下のマグマが抜け、地面が陥没してできる地形。

温泉
身近な火山のめぐみ。日本の源泉の数は約2万8000か所。

シラス台地
火山灰の土地は水はけがよく、畑に向いている。桜島大根が有名。

地熱発電所
マグマで高温になった水や水蒸気を利用して発電。日本に70か所ほどある。

噴石
（火山岩塊・火山弾・火山礫）
飛び散ったマグマが空中で冷えて石になる。家1軒ほどの大きさのものも。

成層火山
噴火を繰り返して溶岩や火山灰などが積もってできた火山。

火山雷
激しい噴火と同時に噴出物の摩擦などで起こる雷。

火山灰・火山ガス
火山灰は火山礫よりも細かい粒。風に乗って遠くまで飛ぶ。火山ガスはほとんどが水蒸気だが、有毒な成分も含んでいる。

溶岩流
大量の溶岩が冷えて固まると地形を大きく変える。

火砕流
火山灰や火山ガス、火山礫を含む熱雲が急速に流れ落ちる。

単成火山のスコリア丘
1回の噴火でスコリアなどが降り積もってできた火山。

シェルター
火山が急に噴火した時に逃げ込む施設。

火山を知ろう

世界の中でも特に火山が多いのが日本です。火山によって美しい独特の景観が生まれるとともに、大きな災害に繰り返し見舞われてきた歴史があります。なぜ日本はこんなに火山が多いのか。それはすべてダイナミックな地球の営みによるものです。火山を知ることは地球を知ることでもあるのです。

世界の0.25％の陸地に世界のおよそ7％の火山がある
日本列島は火山列島

◎ 火山が列をなす「火山フロント」

　日本は世界でも稀な火山国です。日本の国土面積は全世界の陸地の0.25％を占めているにすぎません。ところが火山の数で見ると全世界の火山の約7％を占めています。この小さな列島がいかに多くの火山を抱えているかがわかります。

　「活火山」とは過去約1万年以内に噴火したことのある火山や今現在活発な噴気活動のある火山をいい、この定義は世界的な基準ともなっています。現在日本の活火山は111あります。

▲は「活火山」。▲は111ある活火山のうち、気象庁の火山監視・警報センターが24時間警戒・監視している「常時観測火山」。オレンジ色の線は「火山フロント」を示している。

新潟焼山（新潟県）
妙高山（新潟県）
弥陀ヶ原（富山県・長野県）
焼岳（長野県・岐阜県）
白山（石川県・岐阜県）
アカンダナ山（長野県・岐阜県）
阿武火山群（山口県）
三瓶山（島根県）
鶴見岳・伽藍岳（大分県）
九重山（大分県）
雲仙岳（長崎県）
福江火山群（長崎県）
阿蘇山（熊本県）
由布岳（大分県）
霧島山（宮崎県・鹿児島県）
米丸・住吉池（鹿児島県）
桜島（鹿児島県）
若尊（鹿児島県）
開聞岳（鹿児島県）
薩摩硫黄島（鹿児島県）
池田・山川（鹿児島県）
口之島（鹿児島県）
中之島（鹿児島県）
口永良部島（鹿児島県）
諏訪之瀬島（鹿児島県）
火山フロント

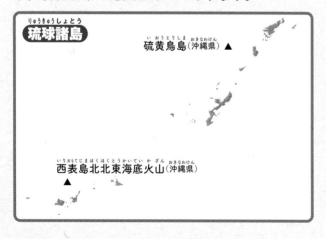

琉球諸島

硫黄鳥島（沖縄県）▲

西表島北北東海底火山（沖縄県）▲

過去約1万年以内に噴火したことのある
活火山が111もある

散布山(北方領土(択捉島))
茂世路岳(北方領土(択捉島))
指臼岳(北方領土(択捉島))
小田萌山(北方領土(択捉島))
択捉焼山(北方領土(択捉島))
択捉阿登佐岳(北方領土(択捉島))
ベルタルベ山(北方領土(択捉島))
ルルイ岳(北方領土(国後島))
爺爺岳(北方領土(国後島))
羅臼山(北方領土(国後島))
泊山(北方領土(国後島))

知床硫黄山(北海道)
羅臼岳(北海道)
天頂山(北海道)
摩周(北海道)
利尻山(北海道)→
大雪山(北海道)
十勝岳(北海道)
恵庭岳(北海道)
羊蹄山(北海道)
ニセコ(北海道)
有珠山(北海道)
渡島駒ヶ岳(北海道)
渡島大島(北海道)
アトサヌプリ(北海道)
雄阿寒岳(北海道)
雌阿寒岳(北海道)
丸山(北海道)
恵山(北海道)
樽前山(北海道)
倶多楽(北海道)
岩木山(青森県)
恐山(青森県)
八幡平(秋田県・岩手県)
八甲田山(青森県)
秋田焼山(秋田県)
十和田(青森県・秋田県)
鳥海山(秋田県・山形県)
岩手山(岩手県)
肘折(山形県)
秋田駒ヶ岳(岩手県・秋田県)
磐梯山(福島県)
栗駒山(岩手県・宮城県・秋田県)
鳴子(宮城県)
燧ヶ岳(福島県)
蔵王山(宮城県・山形県)
日光白根山(栃木県・群馬県)
吾妻山(福島県)
安達太良山(福島県)
沼沢(福島県)
那須岳(福島県・栃木県)
高原山(栃木県)
男体山(栃木県)
赤城山(群馬県)
榛名山(群馬県)
草津白根山(群馬県・長野県)
浅間山(群馬県・長野県)
横岳(長野県)
箱根山(神奈川県・静岡県)
乗鞍岳(長野県・岐阜県)
伊豆大島(東京都)
伊豆東部火山群(静岡県)
御嶽山(長野県・岐阜県)
利島(東京都)
富士山(山梨県・静岡県)
八丈島(東京都)
青ヶ島(東京都)
神津島(東京都)
ベヨネース列岩(東京都)
新島(東京都)
須美寿島(東京都)
三宅島(東京都)
御蔵島(東京都)
伊豆鳥島(東京都)
孀婦岩(東京都)

火山フロント

小笠原諸島

▲ 西之島(東京都)
↓
▲ 海形海山(東京都)
↓
▲ 海徳海山(東京都)
↓
▲ 噴火浅根(東京都)
↓
▲ 硫黄島(東京都)
↓
▲ 北福徳堆(東京都)
↓
福徳岡ノ場(東京都)
↓
南日吉海山(東京都)▲
↓
日光海山(東京都)▲

　活火山の地図を見てみると、気付くことがあります。火山があるのは北海道・東北・中部、伊豆・小笠原諸島、そして九州で、近畿・中国・四国にはほとんどありません。さらに東北の火山を見てみると、火山はほぼ中央に南北に並んでいて東の太平洋側には見当たりません。伊豆・小笠原諸島、九州も火山はほぼ南北に並んでいます。この規則性には理由があり、この火山の列の東を限る線は「火山フロント」と呼ばれています。火山の前線です。

[地図／電子地形図25000(国土地理院)を加工して作成]

日本の下に潜り込むプレートが火山をつくる

◎ プレートに含まれる水によって岩石が溶けやすくなる

　火山が噴火すると地中からマグマが姿を見せ、真っ赤な溶岩が山麓へと流れ出します。では、このマグマはどこから来るのでしょうか。地面の下が全部マグマで占められているわけではありません。マグマはもとからあるものではなく、ある条件がそろった時に生成されるのです。その条件の一つがプレートの沈み込みです。

　プレートとは地球表面をおおう岩盤で100kmほどの厚みがあります。プレートは何枚にも分かれていて、それぞれがゆっくりと動いています[→「❶山のなりたちと地形」P8-9参照]。海底の海洋プレートは私たちのいる大陸プレートに向かって動き、その下に潜り込み、マントルへと沈み込んでいきます。そこが海溝となっています。沈み込んでいくスピードは1年に数cm〜10cmほどです。

　地球の内部は岩がドロドロに溶けているイメージがありますが、温度は4000度以上あっても地球の中心にいくほど高圧なので岩は溶けません。ところが海洋プレートは水を含んでいて、水を吸収したマントルは1000度くらいで溶け出すのです。この圧力と温度のバランスがとれたところで最初のマグマが生まれます。マグマは周りの岩よりも軽いので地表に向かって上昇していきます。そして陸地では海溝に沿った形で火山が並び、火山フロントとなるのです。

▌プレートが集中する日本列島の火山フロント

太平洋プレートとフィリピン海プレートが北米プレートとユーラシアプレートの下に沈み、それに沿って火山が並ぶ。

火山フロントにある桜島の噴火の様子。岩石が溶けてできた溶岩が吹き出す。

ユーラシアプレート

北米プレート

火山フロント

火山フロント

フィリピン海プレート

太平洋プレート

プレートの沈み込みと
マグマの誕生

海洋プレートである太平洋プレートが日本海溝で沈み込み、水をマントル内に引き込んでいく。一定の深さにまで水が達するとマグマができ、上昇して火山となる。東北では日本海溝に沿って火山が並び、火山フロントができる。

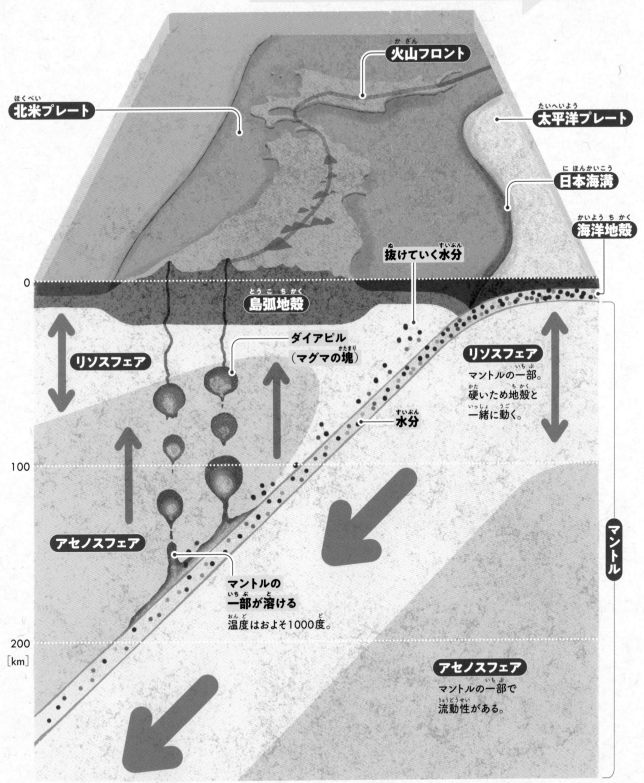

火山フロント

北米プレート

太平洋プレート

日本海溝

海洋地殻

抜けていく水分

島弧地殻

リソスフェア

ダイアピル（マグマの塊）

リソスフェア
マントルの一部。硬いため地殻と一緒に動く。

水分

アセノスフェア

マントルの一部が溶ける
温度はおよそ1000度。

アセノスフェア
マントルの一部で流動性がある。

マントル

0

100

200
[km]

海洋プレートの沈み込み

[地図／電子地形図25000（国土地理院）を加工して作成]

マグマをつくるプレートはなぜ動くの?
マントルの大循環「スーパープルーム」

◎ マントルの動きを明かす「プルームテクトニクス」

日本の下に沈み込んでいったプレートはどうなるのでしょう？　それを解き明かしたのが「プルームテクトニクス」という新しい理論です。地震波の伝わり方を世界中で同時に観測することで、マントルの内部の様子が見えてきたのです。

冷たく重いプレートは時間をかけて下降し、地下2900kmの外核に達します。すると、それと入れ替わるように、高温の液体の金属である外核に温められた別のマントルが

日本

▍ 硬いマントルは地下でゆっくりと対流している

大陸地殻

チベット

大陸プレート

リソスフェア

沈み込む海洋プレート
上部マントルと下部マントルの境目でいったんとどまり、巨大な塊となって再び沈み込んでいく。

コールドプルーム
地表で冷やされたプレートが巨大な塊となって外核まで沈み込んでいく巨大下降流。

巨大な塊となって上昇していきます。これがスーパープルームです。その温かいマントルが湧き上がるところの一つは南太平洋と考えられています。

つまりお風呂を沸かすようにマントルが対流しているのです。マントルは固体の岩石です。その岩石が液体のように、地表と外核との間を数千万〜1億年という時間をかけて移動しています。

地殻　上部マントル　遷移帯

下部マントル　外核　内核

ホットスポット

ホットプルームがマグマとなって地殻を突き破り噴出するところ。海洋では火山島になる。島がプレートに乗って移動していくと、ホットスポットには新たな島ができる。

ハワイ

タヒチ

南太平洋

マントルは地球の大部分を占める。その動きがわかってきたのは「地震波トモグラフィー」という技術による。

プレートの移動

マントルの対流

固体の岩石であるマントルが数億年かけて液体のように対流している。

ホットプルーム

外核の熱で温められた高温のマントルの塊が地表に向かう巨大上昇流。塊は直径約1000kmあると考えられている。

海洋プレート

上部マントルの一部である硬い部分のリソスフェアと地殻が層になっている。

東太平洋海嶺

上部マントル

プレートの下のマントルは流動性があり、プレートを移動させる。

外核

液体の金属で高温。

下部マントル

深くなるほど高温で高密度。

11

島も火山。そして海の底は火山がいっぱい

海底にも一列に連なる火山群がある

◎ 陸から海へと、海溝沿いにきれいに並ぶ火山群

活火山が多い都道府県の1位は北海道の31、2位が21の東京都です。東京都のどこにそんなに活火山があるのかといえば、伊豆諸島から硫黄島を含む小笠原諸島へと連なる海にあります。それらの火山島として知られる洋上の山々だけではなく、海の上に顔を出していないだけで海底にもたくさんの火山があります。そしてそれらの火山は伊豆半島から南に一列に連なり、はるかグアム島のほうまで続いているのです。

なぜ一列に連なっているのでしょうか。これもやはりプレートの動きによるものです。これらの火山列の東側では太平洋プレートが伊豆・小笠原海溝でフィリピン海プレートの下に沈み込んでいます。そして8～9ページで触れたように海溝に沿って火山ができるのです。海の火山フロントです。活動は活発で、2023年10月にも硫黄島の沖合に新たな島が一時的に誕生しました。

海の水を全部抜いてみると……

水深9000mにおよぶ伊豆・小笠原海溝はプレートがぶつかりあうプレートの境界線だ。そこから少し離れたところに火山島が海溝に沿って並ぶ。

こんなにも火山があるプレート境界

伊豆諸島の周辺の火山を示した図。円は火山の大きさを示している。海の底は知られざる火山でいっぱいだ。

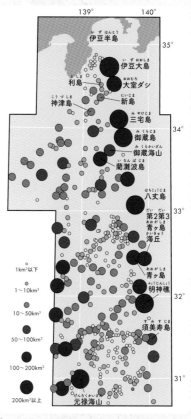

［上と右の図／火山第2集第35巻（1990）第4号「伊豆・小笠原弧北部の火山岩量」（菅香世子・藤岡換太郎）の図表より作成］

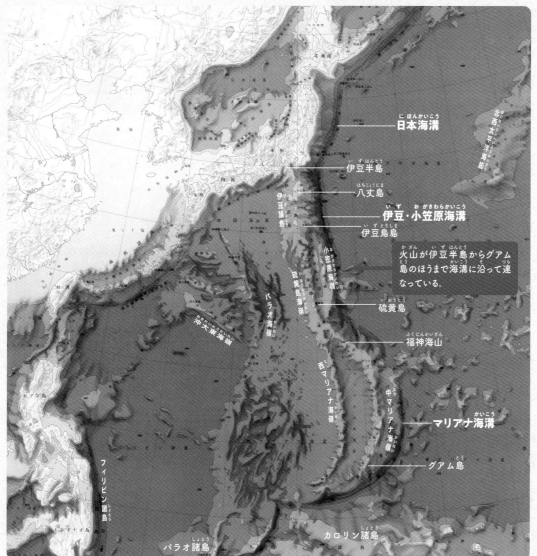

日本海溝

北西太平洋海盆

伊豆半島

八丈島

伊豆・小笠原海溝

伊豆鳥島

火山が伊豆半島からグアム島のほうまで海溝に沿って連なっている。

硫黄島

福神海山

マリアナ海溝

グアム島

カロリン諸島

パラオ諸島

フィリピン諸島

日本の南に一列に延びる火山群

海底地形図を見ると海の中の起伏が一目瞭然だ。日本列島から長大な山脈の尾が出ているように見える。

［出典／『新版日本国勢地図』
（1990年、国土地理院）
「海底地形」］

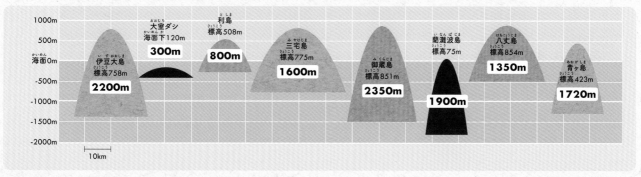

伊豆大島 標高758m　**2200m**

大室ダシ 海面下120m　**300m**

利島 標高508m　**800m**

三宅島 標高775m　**1600m**

御蔵島 標高851m　**2350m**

藺灘波島 標高75m　**1900m**

八丈島 標高854m　**1350m**

青ヶ島 標高423m　**1720m**

10km

島は山頂、海の中には山がそびえている

火山島は山の一部が海面から顔を出したもの。実際の山は海底から立ち上がっている。どのくらいの高さの山なのか、伊豆諸島の火山島と海底火山を図式化した。標高は海面からの高さ。中の数字は海の底からの山の高さだ。底面の幅は山の最下部の直径を示している。

成層火山の図鑑

日本の火山の多くは成層火山 ——カルデラに形を変えた山も多い

火山にはそのなりたちのちがいからいくつかの種類があります。噴火を何度も繰り返して、火山の噴出物が積み重なって円錐状になる成層火山、1回の噴火でスコリア（噴火で飛び散ったマグマが空中で冷えて固まったもの）が積み重なったスコリア丘や粘性のある溶岩が固まってできた溶岩

ドームなどの単成火山があります。日本に多く見られるのは富士山に代表される成層火山ですが、成層火山もカルデラのある火山とない火山とに分けられます。山体崩壊やマグマの噴出後に陥没してできる地形がカルデラです。カルデラには見えない山もよく見るとカルデラがあり、そこにもともとあっただろう円錐形の成層火山を想像するのは楽しいことです。火山と侵食が組み合わさり、日本の美しい山岳風景を形づくっています。

カルデラのない成層火山

羊蹄山（北海道）

蝦夷富士とも呼ばれる、どこから見ても均整のとれた成層火山。標高1898m。

新潟焼山（新潟県）

妙高山、火打山とともに頸城三山と呼ばれる。火打山の西にある活火山。妙高戸隠連山国立公園に含まれる。標高2400m。

開聞岳（鹿児島県）

薩摩半島最南端の海沿いに位置する。別名薩摩富士。海上交通の目印になるほどよく目立つ。標高924m。

カルデラのある成層火山

鳥海山（秋田県・山形県）

紀元前466年に山体崩壊し、その痕跡が馬蹄形カルデラと呼ばれている。標高2236m。

榛名山（群馬県）

カルデラ湖の榛名湖と溶岩ドームの榛名富士（標高1391m）がある。

岩手山（岩手県）

岩手県の最高峰。カルデラは下からはほとんど見えない。標高2038m。

秋田駒ヶ岳（岩手県・秋田県）

カルデラの中に3つの中央火口丘があり高山植物群落が広がる。標高1637m。

妙高山（新潟県）

4つの成層火山が重なって3kmのカルデラを形成。中央火口丘がある。標高2454m。

赤城山（群馬県）

もとは2500mほどの高さの成層火山。大沼などのカルデラ湖がある。標高1828m。

［地図／電子地形図25000（国土地理院）を加工して作成］

火山が噴火すると何が出てくるの?

浅間山(群馬県・長野県)の噴火で飛び出たもの

◎ 天仁元年の大噴火で、山麓は厚さ平均8mの火砕物で埋まった

活火山である浅間山は火山活動が活発なことで知られていますが、有史においてたびたび大きな噴火を起こしています。最大の噴火は平安時代の1108年に起きた「天仁元年の大噴火」です。このとき発生した追分火砕流によって浅間山の南北麓は厚さ平均8mの火砕物で埋まりました。1783年「天明の大噴火」では大量の軽石が降り、軽井沢で約10cm積もりました。火山は噴火によって何を噴出するのか、浅間山を例に見てみましょう。

そもそもマグマとはマントルを構成するかんらん岩が溶けたもので、主成分は二酸化ケイ素です。これが多いほど粘性があり、マグマの性質が決まります。

マグマがそのまま液体で出たものが溶岩です。

噴火で飛び出た溶岩が空中で固まって破片になったものは「火山砕屑物(テフラ)」といいます。2mm未満のテフラを「火山灰」、2〜64mmのものを「火山礫」、それ以上のものを「火山岩塊」といいます。その中で多孔質(穴が多いもの)で、白っぽいものを「軽石」、黒っぽいものを「スコリア」といいます。

火山弾とは、空中を飛んでいる間に特別な形になったもので、よく知られているものはラグビーボール型です。軟らかい溶岩が空中で回転しながら飛び、自然にこのような形になるのです。

パン皮状火山弾

1783年の天明の大噴火で噴出。空中で固まりながら、内部に溶けていたガスが抜けて膨張すると、フランスパンを焼いたようなひびが入った形になる。

天明の大噴火を描いた『浅間山夜分大焼之図』。雪のように焼け石が降ってきたと書かれている。火災も発生した。

45cm

浅間山の巨大な噴石。噴火のエネルギーの大きさを物語る。

溶岩

これは天明の大噴火で噴出した鬼押出し溶岩。群馬県嬬恋村で採取されたもの。

16cm

40cm

軽石

1万7000〜1万6000年前、2度の大噴火で大量の軽石を噴出した軽石流期の石。軽石流（火砕流）により山麓に堆積した層の厚みは20〜60mに達した。

火山礫（浅間の焼け石）

「焼け石」と呼ばれ、たび重なる噴火で大量に降り注いで田畑や家屋に大きな被害を与えたが、その後は石垣や庭石の素材として重宝された。大きなものは今では貴重品。

11cm

火山灰

木灰とは異なり、火山灰はマグマに由来する物質が細かく砕かれたもの。鉱物や火山ガラスを含む。水にも溶けない。これは2004年に軽井沢町で採取されたもの。

[実物大]

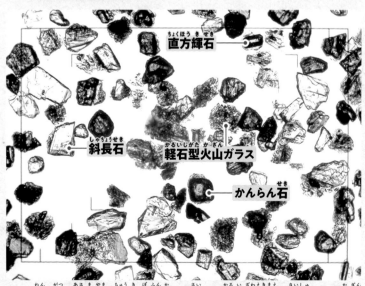

直方輝石

斜長石

軽石型火山ガラス

かんらん石

2004年9月に浅間山が中規模噴火した際にJR軽井沢駅前で採取された火山灰の拡大写真。火山灰がとがった鉱物のかけらであるとわかる。

［標本撮影協力／浅間縄文ミュージアム、『浅間山夜分大焼之図』／美斉津洋夫氏提供、浅間山の巨大噴石の写真／気象庁、噴石火山灰の拡大写真／国土地理院］

火山がつくりだす新しい景色
溶岩が地形を変える

◎ 地形から溶岩の流れた痕跡を探そう

マグマがそのままの状態で火口から流れ出た溶岩は、軟らかく流れやすい場合は溶岩流となって地形に沿って下方へと流れていきます。それが広大な溶岩台地を築くこともあれば、谷を流れて川をせき止めてしまうこともあります。また湖へと流れ込み、湖を埋め立ててしまうこともあります。また粘り気の強い溶岩の場合は、流れることなくその場でお餅が膨らむようにこんもりと盛り上がり、溶岩ドームとして山になります。

溶岩がそのままの姿で残っている場所もありますが、長い年月のうちには植物が入り込んで森が形成されます。溶岩は日本の風景形成の立役者でもあるのです。

▌溶岩台地

雲ノ平（富山県）

八幡平（秋田県・岩手県）

およそ100万年前に噴出した複数の火山からなり、山頂付近には水蒸気爆発でできた火口に水がたまった「火口沼」もある。

北アルプスの標高2600m付近に広がる溶岩台地。10万〜15万年前の火山活動により形成され、300m近い厚さの溶岩でおおわれる。

▌せき止め湖

中禅寺湖（栃木県）

およそ2万年前の男体山の噴火で流れ出た溶岩が渓谷をせき止めてできた、周囲約25km、最大水深163mの湖。

溶岩流

富士山・青木ヶ原（山梨県）

864〜866年の貞観噴火により広がった大量の溶岩の上に、長い年月をかけて森林が育ち、「樹海」と表現される森が広がる。

岩手山・焼走り溶岩流（岩手県）

1732年の噴火で流れ出た溶岩が固まってできたもので、長さ約3.4km、幅約1.1kmにわたってほぼ植物がはえない眺めが広がる。

浅間山・鬼押出し（群馬県）

天明の大噴火（1783年）では大量の溶岩が流れ、鬼が溶岩を押し出したという伝承が名前の由来ともいわれる。

溶岩ドーム

昭和新山（北海道）

1943年の有珠山の噴火活動により隆起してできた新しい火山。山の形成前、周囲は畑作地帯だった。現在標高398m。

樽前山（北海道）

9000年前から活動を開始した活火山。火口中央部に突き出た溶岩ドームが最高地点で、標高1041m。

焼岳（長野県・岐阜県）

北アルプス南部の活火山で標高2455m。山頂部は溶岩ドームになっていて、今もさかんに噴気を上げている。1915年の噴火で泥流が梓川をせき止め、大正池ができた。

大山（鳥取県）

火山の少ない中国地方の最高峰。標高1729m。弥山ドームは日本最大級の溶岩ドームの一つで、その形の美しさから伯耆富士とも呼ばれる。

斜面を下り、地表を這う熱のかたまり
火砕流はすごいスピードでやってくる

◉ 火砕流は時速100km以上で すべてを焼きつくしていく

　火砕流という言葉が人々に広く知れ渡ったのは、1990年、雲仙普賢岳（長崎県）の198年ぶりの噴火がきっかけです。特に1991（平成3）年6月3日に溶岩ドームの崩壊で起こった火砕流は、逃げ場を失った人々を巻き込み、死者40名、行方不明者3名という大惨事をもたらしました。

　火砕流とは、火山ガスとともに高温の火山礫や火山灰が猛スピードで地表を流れる現象です。また、大量の火山ガスが火山灰をともなう爆風を火砕サージといいますが、今では区別をせず「火砕物密度流」とも呼ばれます。その時速はおよそ100km以上。温度は時に600〜700度にも達し、一瞬で家も森も焼きつくす恐ろしい現象です。

火山灰の対流が起こる。

火山灰粒子は浮遊する。

火砕流本体
（火山灰粒子と高熱のガス）

空気を取り込み、地面を侵食する。

火砕流は成長しながら下ってくる
火砕流は流れながら周りの空気を取り込み、地面を侵食することもある。熱いだけでなく破壊力もある。

1991年6月3日、雲仙普賢岳の火砕流から逃げる消防団員。

火山の噴出物の移動速度は状況によってもっと速くなる

[時速]

	0km	50km	100km	200km	300km

新幹線（東北新幹線はやぶさ） 320km

火山弾 300km

プロ野球投手の投げる球 160km

火砕流 100km以上

高速道路を走る車 100km

泥流 40km

自転車 15km

溶岩流 10km

歩く人 4km

火山の噴出物の移動速度はどのくらいなのだろう。このグラフでは火山弾が速いが、傾斜や噴火の規模などの条件によってスピードは変わってくる。巨大な火砕流では時速500kmに達したという例もある。

人類の時間ではなく、地球の時間で考える
いつか巨大噴火は起きるの？

◎ 人類の歴史は 火山の歴史に対して短すぎる

「巨大噴火」あるいは「破局的噴火」と呼ばれる大噴火があります。噴出物の量が膨大で、広い範囲にわたって壊滅的な被害をもたらす噴火です。何kmにもおよぶ大きなカルデラをつくるのが特徴で、「カルデラ噴火」とも呼ばれます。日本でも過去に起こっていますが、日本の噴火の記録は720年の『日本書紀』が最古。巨大噴火の多くは数万年前以前なので記録がありません。地形や地質の調査からそうした巨大噴火があったとわかるのです。

その痕跡は特に北海道、九州に集中しています。カルデラのある阿蘇山もその一つです。東西約17km、南北約25kmのカルデラは、右ページの地図で見てもはっきりわかるほど。それだけの量のマグマが噴出したということになります。

始良カルデラの噴火による入戸火砕流が形成したシラス台地の崖。鹿児島で100mもの厚みで堆積した（撮影／鈴木毅彦）。

火山の噴火の間隔は時により何千年、何万年にもおよびます。人間の歴史はそのうちのほんのわずか。幸いにも火山活動が比較的穏やかな時代にあり、巨大噴火に遭遇していないだけなのです。

噴火のタイプと巨大火砕流の発生の仕方

ストロンボリ式
溶岩のしぶきや火山礫や火山弾が火花を散らすように数百mの高さで噴出する。

ブルカノ式
爆発的な噴火で、場合により噴煙の高さは5000mほど。溶岩は粘り気がある。

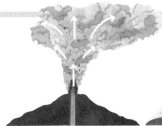

プリニー式
噴煙柱の高さがおよそ1万m前後以上に達する大噴火。キノコ雲のように噴煙が広がる。

カルデラ噴火
湧き出るような噴火で、火砕流が地を這うように広がり、火砕流台地を出現させる。

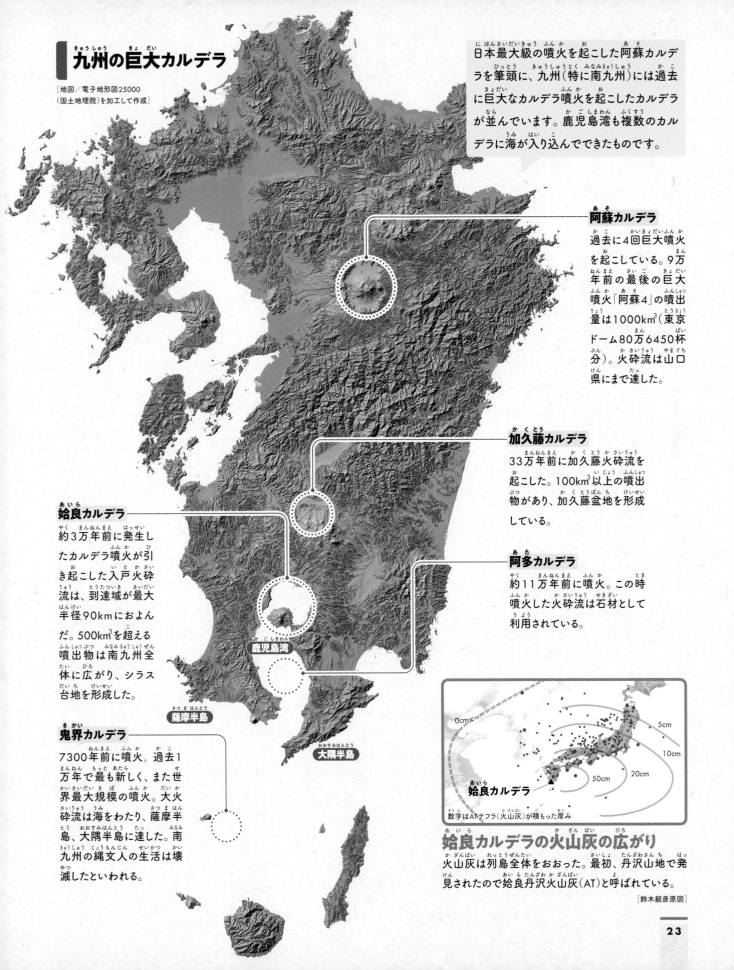

九州の巨大カルデラ

[地図／電子地形図25000
（国土地理院）を加工して作成]

日本最大級の噴火を起こした阿蘇カルデラを筆頭に、九州（特に南九州）には過去に巨大なカルデラ噴火を起こしたカルデラが並んでいます。鹿児島湾も複数のカルデラに海が入り込んでできたものです。

阿蘇カルデラ

過去に4回巨大噴火を起こしている。9万年前の最後の巨大噴火「阿蘇4」の噴出量は1000km³（東京ドーム80万6450杯分）。火砕流は山口県にまで達した。

加久藤カルデラ

33万年前に加久藤火砕流を起こした。100km³以上の噴出物があり、加久藤盆地を形成している。

始良カルデラ

約3万年前に発生したカルデラ噴火が引き起こした入戸火砕流は、到達域が最大半径90kmにおよんだ。500km³を超える噴出物は南九州全体に広がり、シラス台地を形成した。

阿多カルデラ

約11万年前に噴火。この時噴火した火砕流は石材として利用されている。

鹿児島湾

薩摩半島

大隅半島

鬼界カルデラ

7300年前に噴火。過去1万年で最も新しく、また世界最大規模の噴火。大火砕流は海をわたり、薩摩半島、大隅半島に達した。南九州の縄文人の生活は壊滅したといわれる。

0cm
5cm
10cm
50cm
20cm

始良カルデラ

数字はATテフラ（火山灰）が積もった厚み

始良カルデラの火山灰の広がり

火山灰は列島全体をおおった。最初、丹沢山地で発見されたので始良丹沢火山灰（AT）と呼ばれている。

[鈴木毅彦原図]

火山から身を守る

美しい自然景観をつくる火山は、一方で危険な存在でもあります。
その危険がおよぶのは1万年に1回、あるいは10万年に1回かもしれません。
それでも、もしもという時の心がまえ・準備が必要です。私たちは火山の国に暮らしているのです。

火山防災の第一歩は火山災害の歴史を知ること
噴火は甚大な被害をおよぼすこともある

◎ 近年注目された噴火から学ぶ

たとえば、この本でも紹介している宝永噴火（1707年・富士山）、天明の大噴火（1783年・浅間山）、桜島大正噴火（1914年・桜島）のような、多くの人の命を奪うだけでなく、村々を火山灰や溶岩で埋め、地形そのものをまったく変えてしまう大噴火が現在起こったらどうなるでしょう。当時とは人口、都市の規模がちがいます。また、水道、ガス、電気、通信、交通に頼り切った生活を私たちはしています。それらが大噴火によって寸断され、街に溶岩や火山灰が押し寄せた時、私たちは対応できるでしょうか。

特に近年の噴火については火山の研究が進歩したこともあり、噴火予知や防災の面で対策が進んでいます。過去の火山災害の経験から噴火に備えることはできるはずです。

三宅島（東京都）｜2000年噴火

2000年6月26日に気象庁が火山性微動を観測。翌日、西岸沖で海底噴火が発生。その後しばらく静穏。しかし再び地震や小規模な噴火が起き、8月18日には噴煙が1万4000mにおよぶ大噴火が発生。9月1日に全島避難が決定した際には、すでに約7割の島民が島外に自主避難していた。大量の火山ガスの放出により、避難は4年半にわたった。

［写真／気象庁］

新燃岳（鹿児島県）｜2011年噴火

新燃岳（標高1421m）の2011年の準プリニー式噴火では、噴煙柱の高さが7000mに達した。市街地でも降灰が見られたほか、火山礫や空振による太陽電池パネルや窓ガラスの破損などが発生した。

伊豆大島（東京都）｜1986年噴火

比較的小規模な噴火が多かった三原山（標高758m）だが、1986年の噴火では準プリニー式噴火や割れ目噴火が発生。噴煙の高さが最大1万6000mにおよび、全島民が1か月半、島外に避難した。

[写真／伊豆大島ジオパーク推進委員会]

口永良部島（鹿児島県）｜2015年噴火

1999年ごろから火山性地震が観測され活発な状況にあった。2015年に爆発的噴火が発生し、噴煙は高さ9000m以上、火砕流が海岸付近まで流れた。噴火の16分後に避難勧告、その5分後に避難指示が出て、全島民118人と観光客などが屋久島に避難。

御嶽山（長野県・岐阜県）｜2014年噴火

2014年の水蒸気噴火は小規模な噴火だったが、好天の土曜日のお昼で登山者が多かった。直径40cm以上の大きな噴石もあり、死者・行方不明者63人、負傷者69人という日本の戦後最悪の火山災害となった。

有珠山（北海道）｜2000年噴火

20～30年周期で噴火をくり返す有珠山（標高733m）の2000年の噴火では、地殻変動や噴石、泥流などにより、道路や鉄道、上下水道、電気などのライフラインに大きな被害が生じた。

[写真／洞爺湖有珠山ジオパーク推進協議会]

最近の主な火山災害

年月	火山名	被害の概要
1900（明治33）年7月	安達太良山	死者72人
1902（明治35）年8月	伊豆鳥島	中央火口丘爆砕。全島民125人死亡
1914（大正3）年1月	桜島	溶岩流出、村落埋没、焼失。地震鳴動顕著。死者・行方不明者58人
1926（大正15）年5月	十勝岳	大泥流発生。2か村落埋没。死者144人
1940（昭和15）年7月	三宅島	火山弾、溶岩流出。死者11人
1947（昭和22）年8月	浅間山	噴石・山火事により死者11人
1952（昭和27）年9月	ベヨネース列岩	海底火山。観測船第5海洋丸の遭難により全員（31人）死亡
1958（昭和33）年6月	阿蘇山	噴石により死者12人
1962（昭和37）年6月	十勝岳	噴石により死者4人、行方不明1人
1974（昭和49）年6、8月	桜島	土石流で死者8人
1974（昭和49）年7月	新潟焼山	噴石による死者3人
1977（昭和52）年8月～78（昭和53）年10月	有珠山	泥流、降灰砂、地盤変動。死者3人。有珠新山生成
1979（昭和54）年9月	阿蘇山	死者3人、負傷者11人
1983（昭和58）年10月	三宅島	溶岩流出、阿古地区家屋焼失・埋没394棟
1986（昭和61）年11月	伊豆大島	12年ぶりに噴火。全島民など約1万人が島外に避難
1991（平成3）年6月～95（平成7）年2月	雲仙普賢岳	火砕流により死者・行方不明者44人、負傷者12人
2000（平成12）年3月	有珠山	23年ぶりに噴火。虻田町、壮瞥町、伊達市で約1万6000人が避難、家屋771棟が被災
2000（平成12）年7月～05（平成17）年2月	三宅島	泥流、降灰により36戸が災害。全島民約4,000人が9月4日までに避難。2005年2月1日に避難指示解除
2014（平成26）年9月	御嶽山	噴石により死者・行方不明者63人、負傷者69人
2015（平成27）年5月	口永良部島	全島民と来島者、計137人が屋久島に避難
2018（平成30）年1月	草津白根山	噴石により死者1人、負傷者11人

[出典／「10人以上の犠牲者を出した噴火及び最近の火山災害」（国土交通省）、「主な火山災害年表」（気象庁）をもとに作成]

崩れ落ちた山 ── 渡島駒ヶ岳（北海道）、磐梯山（福島県）、眉山（長崎県）

大災害を招く「山体崩壊」と「火山津波」

◎ **集落を一瞬で飲み込み、海に大津波を起こす**

噴火によって、あるいは噴火の影響や地震によって火山そのものが大きく崩れてしまうことを「山体崩壊」といいます。それはまさに大地を揺るがす出来事で、動かないはずの山が山ごと動き、里の集落を一瞬で飲み込み、地形を激変させます。そして長い年月を経てまた噴火をすればそこに成層火山ができるということを繰り返すのです。山体崩壊は成層火山の宿命といえます。

噴火による山体崩壊が海に近い火山で起こった場合、海に流れ込んだ大量の土砂が対岸に大津波を引き起こします。1792年の長崎県の眉山の崩壊で起きた津波の死者は1万5000人。日本の火山災害史上最大の犠牲者を出しました。

渡島駒ヶ岳（北海道）
山鳴りとともに山頂が崩壊し、大規模なプリニー式噴火が発生

約6000年活動を休止していたが、1640（寛永17）年7月31日、マグマの上昇にともなう山体崩壊が起き、山頂部分が崩壊。崩れた土砂が噴火湾（内浦湾）になだれ込み、火山津波を起こした。その後プリニー式の大噴火が数日間続いた。

1929年6月17日にも噴火。プリニー式噴火で噴煙は1万4000mにおよんだ。

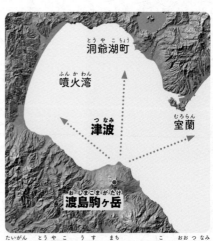

対岸の洞爺湖・有珠の町を8mを超す大津波が襲い、700人以上の人が亡くなった。

手前側が崩壊した斜面。この崩壊で湾になだれこんだ土砂が岬をつくり、出来澗崎となった。

大沼から見た駒ヶ岳は渡島半島の絶景。国定公園となっている。

井上探景『磐梯山噴火の図』湯治で温泉に来ていた人々を襲う火山岩塊のすさまじさを描いている。

磐梯山（福島県）

岩屑なだれで3つの集落が埋没

1888（明治21）年に噴火し、北麓に山体崩壊が発生。岩屑なだれは北麓の3つの集落を飲み込んだ。また噴石で多くの湯治客が命を落とした。岩屑なだれがいくつもの小高い山（流れ山）をつくり、川をせき止め小野川湖、秋元湖などができた。

北側の裏磐梯は荒々しいが、崩壊は湖沼の景勝を生み出し、裏磐梯は人気を博した。

当時帝国大学助教授だった菊池安がスケッチした噴火後の磐梯山。多くの流れ山ができている。

南側から見た表磐梯。穏やかでのびのびとした山の景色。

眉山（長崎県）

反復する大津波に1万5000人が飲まれた

1792（寛政4）年2月に島原の雲仙普賢岳が噴火し、火山性地震が活発化。5月21日、震度6の地震で眉山の東側が有明海に崩落。対岸の肥後国（現在の熊本県）に津波が押し寄せた。計1万5000人が亡くなった。

1990年の雲仙岳噴火の際は火砕流を防ぐ盾となった眉山。

眉山崩落後、津波は20分で肥後に到達。その高さは最大で20mを超えた。

手前側が崩れた部分。東京ドーム約270杯分の土砂が有明海に流れ込んだ。

眉山の崩壊を描いた「島原大変大地図」

[肥前島原松平文庫所蔵]

［鳥瞰図／GoogleMap｜陰影地図／電子地形図25000（国土地理院）を加工して作成］

気になる南海トラフ地震と富士山噴火の関係

地震と噴火は関係があるの?

江戸時代の南海トラフ地震「宝永地震」の49日後に富士山「宝永噴火」

「南海トラフ地震」は、フィリピン海プレートとユーラシアプレートの境界である南海トラフに沿って、静岡県から宮崎県にかけて起こると想定される震度6〜7をともなう巨大地震です。江戸時代に起きた南海トラフ地震の一つが、1707年の「宝永地震」です。巨大津波と地震での死者は約2万人。そしてその49日後、富士山で「宝永噴火」が起きたのです。噴煙の高さは1万m以上、遠く江戸の町に火山灰を降らせた準プリニー式の噴火で、富士山には新たに宝永火口ができました。

実はこの宝永噴火は宝永地震が誘発したと見られています。たまっていたマグマが大地震で揺れ、発泡して急速に膨張し、噴火に結びついたと考えられているのです。もちろん大量のマグマがたまっていなければ、噴火には至りません。

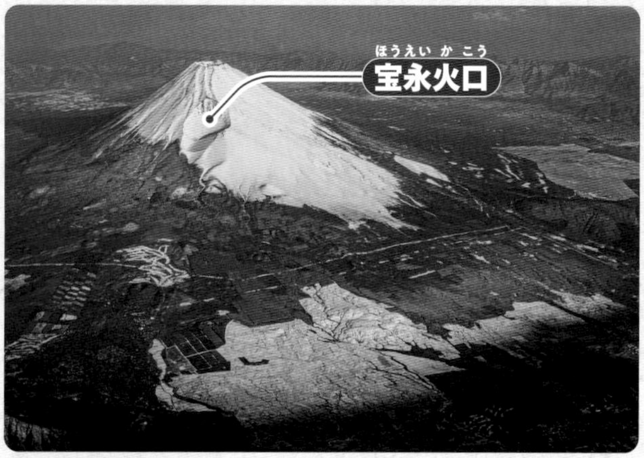
宝永火口

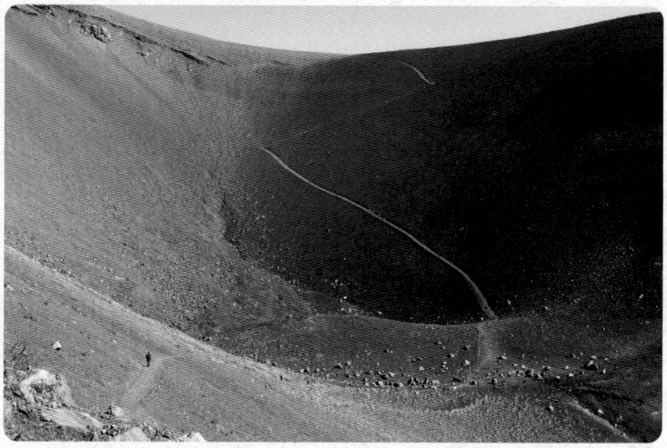

房総半島まで到達した火山灰の出口、宝永火口

上空から見るとくっきりと浮かび上がる巨大な宝永火口。右上の写真の左下に小さく写っている人と比べると、火口の大きさがよくわかる。

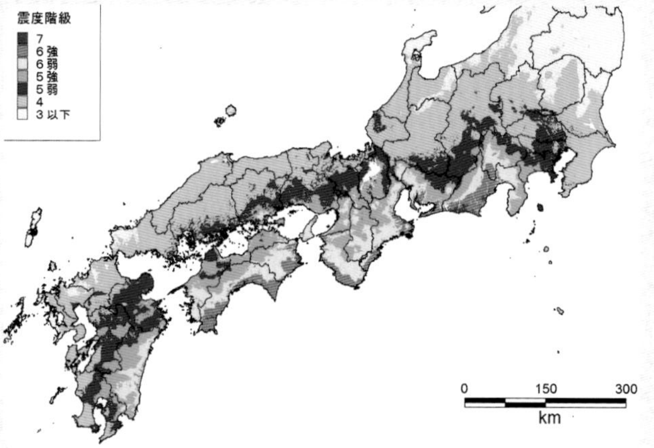
震度階級
7
6 強
6 弱
5 強
5 弱
4
3 以下
0
150
300
km

南海トラフ地震の予想震度

トラフとは海溝より浅い溝のような海底の地形。プレートの境界で、そこでの歪みが解放され地震が起こる。予想震度は6〜7。10mを超す津波も予想され、国や自治体でさまざま対策が練られている。

[出典/内閣府「南海トラフ巨大地震の被害想定について(施設等の被害)(令和元年6月)」より]

宝永噴火を描いた葛飾北斎の『宝永山出現』

江戸時代の絵師、葛飾北斎の『富嶽百景』の中の一枚。北斎が直接見たわけではないのに、宝永噴火で火山弾が降り注ぎ、逃げまどう人々をリアルに描いている。

［国立国会図書館蔵］

地震によって噴火するそのわけは？

地震の震動でマグマ溜まりの圧力が下がると、マグマ内の水が発泡し、マグマが上昇して噴火する。炭酸飲料を振って開けると、中身が飛び出すのと同じ理屈だ。

桜島が大噴火した日の夕方、大地震が襲った

地震が噴火を誘発するのとは逆に、噴火が地震が起こす場合もあります。1914年桜島（鹿児島県）が大噴火した大正噴火。同日の夕方、最大震度6の地震が鹿児島市を襲いました。マグマの移動により地殻の歪みが解放されたと考えられています。

九州鐵道管理局編纂『大正三年櫻島噴火記事』より（国立国会図書館蔵）

もし富士山が噴火するとしたらどこから？

◎ プレートの押す力で 次々と噴火口が開いた

富士山の火口はいくつあるか知っていますか。頂上の火口と宝永火口で2つ？　実は70以上もあるといわれています。それらは中央火口とは別に「側火山」と呼ばれます。その数が多いこと、そして北西から南東にほぼ一列に並んでいるのが富士山の特徴です。なぜ一列に並ぶのでしょうか。

ここにもプレートが関係してきます。富士山が乗っているユーラシアプレートをフィリピン海プレートが南東から北西の方向にギュウギュウ押しています。それによって一定方向に隙間ができ、そこがマグマの通り道となり、噴火口となってきました。これらの数多くの側火山のどれかが今後噴火する可能性も、ゼロとはいえないでしょう。

■ 4段重ねの富士山

地質調査によって富士山の下に年代のちがう3つの富士山が埋まっていることがわかった。数字は各火山が活動していた年代。最初の先小御岳火山が活動していたのは数十万年前。新富士火山の活動が始まったのは1万年前だ。

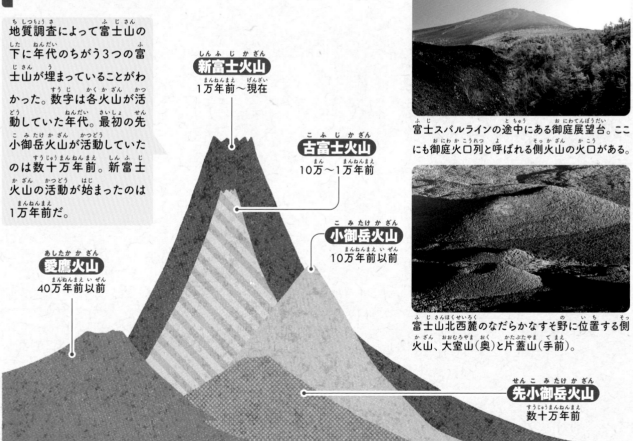

新富士火山
1万年前〜現在

古富士火山
10万〜1万年前

小御岳火山
10万年前以前

愛鷹火山
40万年前以前

先小御岳火山
数十万年前

富士スバルラインの途中にある御庭展望台。ここにも御庭火口列と呼ばれる側火山の火口がある。

富士山北西麓のなだらかなすそ野に位置する側火山、大室山(奥)と片蓋山(手前)。

こんなにも ある富士山の 側火山

富士山周辺の岩盤はフィリピン海プレートにより、南東（右下）から北西（左上）方向に押されている。ものが縦に押されると縦に割れ目が入るように、富士山一帯に縦に隙間ができる。そこをマグマが上昇し、側火山がほぼ一列に並ぶ。ここに挙げたもの以外にも多くある。

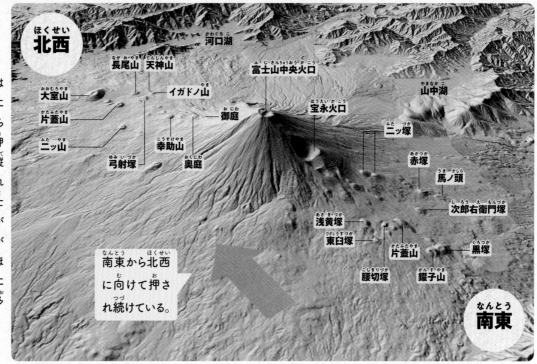

北西

河口湖
長尾山　天神山
富士山中央火口
大室山
イガドノ山
山中湖
片蓋山
御庭
宝永火口
二ッ山
二ッ塚
幸助山
赤塚
弓射塚　奥庭
馬ノ頭
次郎右衛門塚
浅黄塚
東臼塚
片蓋山
黒塚
腰切塚
鑵子山

南東から北西に向けて押され続けている。

南東

［電子地形図25000（国土地理院）を加工して作成］

火山を直に感じられるジオパークに行こう

大地には火山や土地のなりたちの歴史が、地形や地質という形で刻まれています。日本ジオパーク委員会が認定した北海道から九州までに46ある「日本ジオパーク」は、いわゆる施設ではなく、地形や地質、大地そのものがパークというものです。

多くが火山に関係の深い地域で、それぞれ見どころがあり、地球目線を養うにはうってつけです。火山に興味を持ったら各ジオパークのウェブサイトをチェックしてみましょう。モデルコースや個人向けガイドの紹介をしているパークもあります。

箱根ジオパーク（神奈川県）

火砕流や山体崩壊により湖が埋まってできた仙石原湿原。大涌谷では噴煙が上がる。

霧島ジオパーク（鹿児島県）

約6万年前に噴火した火山の火口湖、大浪池。近くには多くの火山が並ぶ。

伊豆大島ジオパーク（東京都）

100〜200年ごとに大噴火して噴出物が降り積もった地層。

伊豆半島ジオパーク（静岡県）

南伊豆の龍宮窟では波に削られたかつての海底火山の断面が見られる。

火山の噴火に今から備える
火山ハザードマップってどんな地図？

◎ 火山ハザードマップで何がわかる？

「火山ハザードマップ」は、災害につながる火山現象（噴石、火砕流など）がどの範囲に到達するかをシミュレーションした地図です。これをもとに「いつ、誰が、どのように」避難するか、避難場所・方法・手段、防災情報などを加えた「火山防災マップ」がつくられます。私たちの命を守るための大切な手引きです。

富士山のハザードマップを見ると、数値シミュレーションにより時間ごとに示した「ドリルマップ」と、範囲を示した「可能性マップ」があり、6つの火山現象が予測されています。過去の噴火災害記録や調査、最新の科学的な研究に基づいて、ハザードマップは更新されていきます。

富士山のドリルマップ

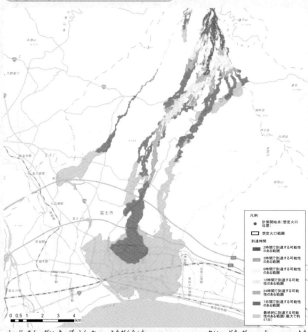

富士山・大規模噴火の溶岩流ドリルマップの例。動画で見ると、溶岩流がどのように流れていくかがわかる。

富士山の可能性マップ

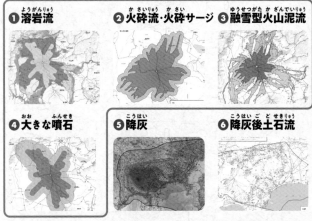

❶溶岩流　❷火砕流・火砕サージ　❸融雪型火山泥流　❹大きな噴石　❺降灰　❻降灰後土石流

溶岩流、噴石、火砕流などの影響がおよぶ可能性がある場所をわかりやすく色分けしている。

富士山のハザード統合マップ（❶〜❹を統合）

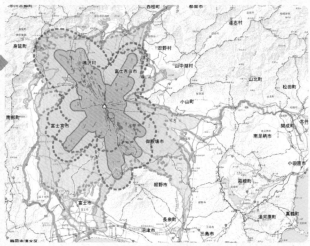

❶〜❹の可能性マップに示された範囲を重ね合わせている。

［出典／静岡県ウェブサイト「富士山ハザードマップ（令和3年3月改定）」、背景地図：地理院タイル、データ：富士山火山防災対策協議会］

◎ 自分の住むまちのハザードマップを探そう

あらかじめハザードマップで災害予想や避難方法などを確認しておけば、非常時に落ち着いて行動できます。まずは住んでいる地域で起きやすい災害について調べてみましょう。

国土交通省・国土地理院が提供する「わがまちハザードマップ」のサイトでは、地図や災害の種類から市町村が作成・公開しているハザードマップを検索できます。「重ねるハザードマップ」は、災害の情報や避難場所などを、立体地図や写真に重ねた状態で見られます。地形や土地のなりたちから、防災を考えることができます。

阿蘇山

阿蘇山周辺の「火山基本図データ(写真地図)」「土砂災害警戒区域等」「指定緊急避難場所(火山現象)」を重ねた地図。

[地図／国土交通省・国土地理院ウェブサイト「重ねるハザードマップ」をもとに作成]

◎ 聞いて、触れて……
わかりやすく新しいハザードマップ

ハザードマップはすべての人に情報をわかりやすく伝える必要があります。目が不自由な人向けに、東京都江東区では、浸水の深さや水害時の避難情報などを音声化した「音声版水害ハザードマップ」を作成し、ホームページで公開、CD形式でも配っています。京都府八幡市では、立体的で凹凸があり、手で触れて地形や水害のリスクを確認できる「立体ハザードマップ」をつくりました。異なる素材を使い分けて危険な場所を示し、タッチペンで音声ガイドが流れます。

ほかにも子どもたちもわかりやすいように、立体地図に溶岩流の流れを投影させて見せる方法など、研究が進められています。

[上]立体ハザードマップ。大きさ60×80cm、高さは5cmと立体的で、市役所に保管されている。

[写真／京都府八幡市]

[左]溶岩流が流れる予想をプロジェクションマッピングで投影する。

[写真／静岡県富士山世界遺産センター]

都市機能がストップ！
東京に火山灰が降ると何が起きる？

◎ 東京でも火山灰が2〜10cm降り積もる

富士山で1707年の「宝永噴火」と同じくらいの大噴火が起こると、神奈川県中部で10〜30cm、東京でも2〜10cmの火山灰が積もると予想されています。2週間、火山灰が降ったりやんだりを繰り返し、雨が降ると火山灰が固まってこびりついて取りのぞきにくくなり、重さも増します。長い期間、電気やガス、水道が使えなくなり、交通や物流が止まり、農作物や水産物がとれずに食料が不足し、工場生産や医療もストップするなど、広い範囲で被害が生じる恐れがあります。

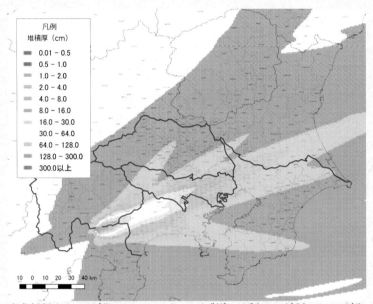

凡例
堆積厚（cm）
- 0.01 - 0.5
- 0.5 - 1.0
- 1.0 - 2.0
- 2.0 - 4.0
- 4.0 - 8.0
- 8.0 - 16.0
- 16.0 - 30.0
- 30.0 - 64.0
- 64.0 - 128.0
- 128.0 - 300.0
- 300.0 以上

10 0 10 20 30 40 km

富士山噴火による降灰シミュレーション。火山灰は風向きや風速によって降灰地域が大きく変わる。地図は東京都への影響が大きい「西南西風卓越ケース」。

［出典／「大規模噴火時の広域降灰対策について ―首都圏における降灰の影響と対策― 〜富士山噴火をモデルケースに〜（報告）（令和2年4月）」を加工して作成］

どんなことが起きる？──最悪の事態をイメージしてみよう

スマートフォンがつながらない！

火山灰が基地局などの通信アンテナにはりついたり、電子回路に入りこむと、通信がさえぎられる。ネットワーク環境が乱れたり、電話ができなくなったりする恐れがある。

列車がストップ

レールと車輪の間に電気を流して運行システムを管理しているため、線路に火山灰が積もると通信障害が起こり、信号や切り替えの誤作動が起こる恐れがある。

［写真／菅野照晃］

渋滞や通行止めが発生

視界が悪くなり、ノロノロ運転に。道路に火山灰が0.1mm積もると、スリップ事故の危険が高まり、1mmで時速30km程度の速度低下、5cmで通行不能に。

［写真／宮崎県］

◎ もしもの時の備えと心がまえ

正しい情報をキャッチする

SNSやインターネットで飛び交う、まちがった情報やうわさ話にまどわされてはいけません。一番大切なのは、状況を正しく知り、あわてずに行動することです。通信障害が発生している時は、公衆無線LANサービスがつながります。テレビのニュース番組やラジオのほか、市町村のホームページ、気象庁が発表する「降灰予報」を確認しましょう。

火山灰から身を守る

火山灰が目に入ると強い痛みを引き起こし、吸いこむとせきやたんが出たり、呼吸器の病気になったりする恐れがあります。降灰予報が出たら、建物の中に移動し、窓やドアをしっかりしめ、灰を室内に入れないようにしましょう。

防災グッズを備えておく

飲料水、食料、簡易トイレ、薬、携帯ラジオなどの防災グッズのほかに、「防塵マスク」や「防塵ゴーグル」などを準備しておくと安心です。事前に正しいつけ方や注意点も確認しておきましょう。

防塵ゴーグル。密着度が高く、強化ガラスでできている。水泳用ゴーグルにガラス飛散防止グラスをはると、代用品になる。

防塵マスク。普通のマスクしかない時は、ガーゼを重ねて三角巾でぴったりと鼻と口をおおい、火山灰が入らないようにする。

ヘルメット。噴石や火山灰から頭を守る。

携帯ラジオ。スマートフォンがつながらない時でも使える。

[写真／噴火ドットコム]

[出典／「降灰の影響及び対策」(気象庁)、「宝永噴火が発生した場合の被害想定(第4回活用部会資料)」(富士山ハザードマップ検討委員会、2002)より]

停電が起こる

積もった火山灰が雨でぬれると、電線がショートする可能性がある。火力発電所では空気を取り込むフィルターが目詰まりして発電停止になる恐れがある。

[写真／九州電力送配電株式会社]

断水が起こる

川の水は、家庭の水道水や工業用水、農業用水などに利用されている。川に火山灰が入って水質に影響が出ると、取水ができなくなる恐れがある。

[写真／国土交通省中部地方整備局]

野菜や果物がとれない

水田に0.5mm積もると稲作が、畑に2cm積もると、野菜や果物が被害を受ける。1年以上、農作物が育たなくなる可能性もある。

[写真／鹿児島市]

火山と暮らすまちから学ぶ

桜島発、命を守る防災

◎ 大正噴火レベルの 大災害が起こる！

桜島は古くから大きな噴火を繰り返している火山です。1914（大正3）年の「大正噴火」は、日本国内で20世紀最大の噴火といわれ、58名の死者、行方不明者が出ました。噴煙は高さ1万8000mまであがり、火山灰や軽石が2m積もり、流れ出した溶岩が桜島と大隅半島の間を埋めて2週間後に陸続きになったほどの規模でした。その後も活発な火山活動を続けており、近い将来に大正噴火レベルの大噴火が起きることが予想・警戒されています。

◎ 噴火前の予兆に注意する

大正噴火では、予兆に気づいて噴火前に避難し、全員無事だった集落と、「桜島に異変はない」という鹿児島測候所の言葉を信じて避難せず、犠牲者を出した集落がありました。下のような予兆に注意し、噴火する前に避難することが重要です。

噴火の予兆の例
- 1日に何度も地震が起きる。
- 地鳴りがする。
- 井戸や温泉水の水位がいつもとちがう。
- 新しい噴気、地温の上昇、地割れが起きる。
- 草木の立ち枯れが発生する。

大正噴火直後の桜島

［写真／「大正三年櫻島噴火記事」（九州鐵道管理局編纂、国立国会図書館蔵）より］

船で避難する島民たち

［写真／鹿児島県立国立博物館］

◎ いつ、誰が、どこへ避難するか

鹿児島市では地域別の「避難マニュアル」を公開しています。島内避難時の集合場所や避難用バスのルート、島外避難時の移動方法（東側地域は車・バス、西側地域はフェリー）ごとの経路や所要時間などが詳しく示されています。避難手順がこまかく定められたマニュアルをもとに防災訓練をかさね、噴火に備えています。

◎ 島だけではない！ 鹿児島市街地の被害

桜島は、鹿児島県のほぼ中央に位置します。噴火の影響は桜島の中だけでなく、市街地にまでおよぶと予想されています。実際に大正噴火では宮崎県南部など広い範囲で被害が出ています。大量の火山灰が降るほか、地割れや停電、断水などの二次災害、さらには大正噴火の時のように大地震が発生する恐れもあります。鹿児島市は、市街地をさらに地域ごとに分けて、非常時に安全に避難するための情報を届けることにしています。

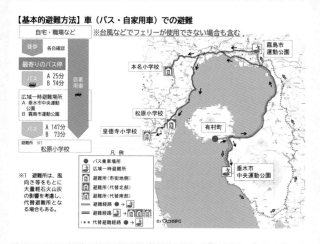

島外避難経路図（鹿児島市有村町）

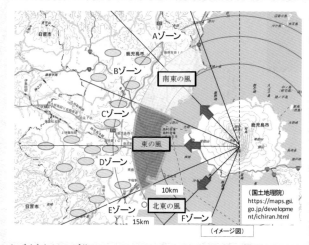

鹿児島市への降灰シミュレーション

噴火が起こってしまった時のために

避難施設（シェルター）

住民や観光客を噴石などから守るため、道路沿いや展望所、民家の近くなどに避難施設が設置されています。

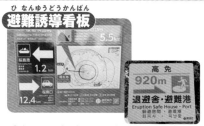

避難誘導看板

島外までの距離などを案内する看板や、避難施設へ誘導する看板が設置されています。4か国語の表記で、海外からの観光客にも対応しています。

火山灰を取りのぞくシステム

道路に降り積もった火山灰は、ロードスイーパーや散水車などで清掃されます。火山灰を捨てる「克灰袋」に入れられた灰は、灰ステーションに集められます。市は、ここから火山灰を回収し埋め立てます。

24時間火山を監視！

◎ 最新の観測機器で火山を見守る 火山監視・警報センター

火山は長期にわたって噴火の予兆を示すこともあれば、わずか数分で静穏から噴火に至ることもあります。気象庁では、4つの火山監視・警報セ ンターで50の火山を24時間監視。現地の計測機器からリアルタイムに入ってくるデータを医師のように解析し、火山の状態を読み取ります。そして状況により噴火の予報・警報を発令。夜間に緊急事態が発生した場合でも、現場の判断で警報を発することができるしくみになっています。

ここで火山を24時間監視！

50の火山を常時観測「火山監視・警報センター」

東京のセンター。左の奥が火山監視のエリアで、1チーム5人×5チームが交代で24時間火山を監視している。人々を火山災害から守る最前線だ。

■ 噴火警報・予報を知っておこう

札幌、仙台、東京、福岡の4つのセンターから、この表のような予報や特別警報が発せられる。

種別	名称	対象範囲	噴火警戒レベルとキーワード		火山活動の状況	住民などの行動
特別警報	◎噴火警報（居住地域）または◎噴火警報	居住地域およびそれより火口側	レベル 5	避難	居住地域に重大な被害をおよぼす噴火が発生、あるいは切迫している状態にある	危険な居住地域からの避難などが必要
			レベル 4	高齢者等避難	居住地域に重大な被害をおよぼす噴火が発生すると予想される（可能性が高まってきている）	警戒が必要な居住地域での高齢者などの要配慮者の避難、住民の避難の準備などが必要
警報	◎噴火警報（火口周辺）または◎火口周辺警報	火口から居住地域近くまでの広い範囲の火口周辺	レベル 3	入山規制	居住地域の近くまで重大な影響をおよぼす（この範囲に入った場合には生命に危険がおよぶ）噴火が発生、あるいは発生すると予想される	通常の生活。今後の火山活動の推移に注意し、高齢者などの要配慮者の避難の準備、登山者は登山禁止、入山規制など
		火口から少し離れたところまでの火口周辺	レベル 2	火口周辺規制	火口周辺に影響をおよぼす（この範囲に入った場合には生命に危険がおよぶ）噴火が発生、あるいは発生すると予想される	通常の生活。状況に応じて火山活動に関する情報収集、避難手順の確認、防災訓練への参加など。登山者は状況に応じて立入規制など
予報	◎噴火予報	火口内など	レベル 1	活火山であることに留意	火山活動は静穏。火山活動の状態によって、火口内で火山灰の噴出などが見られる（この範囲に入った場合には生命に危険がおよぶ）	

火山監視と噴火警報・予報の流れ

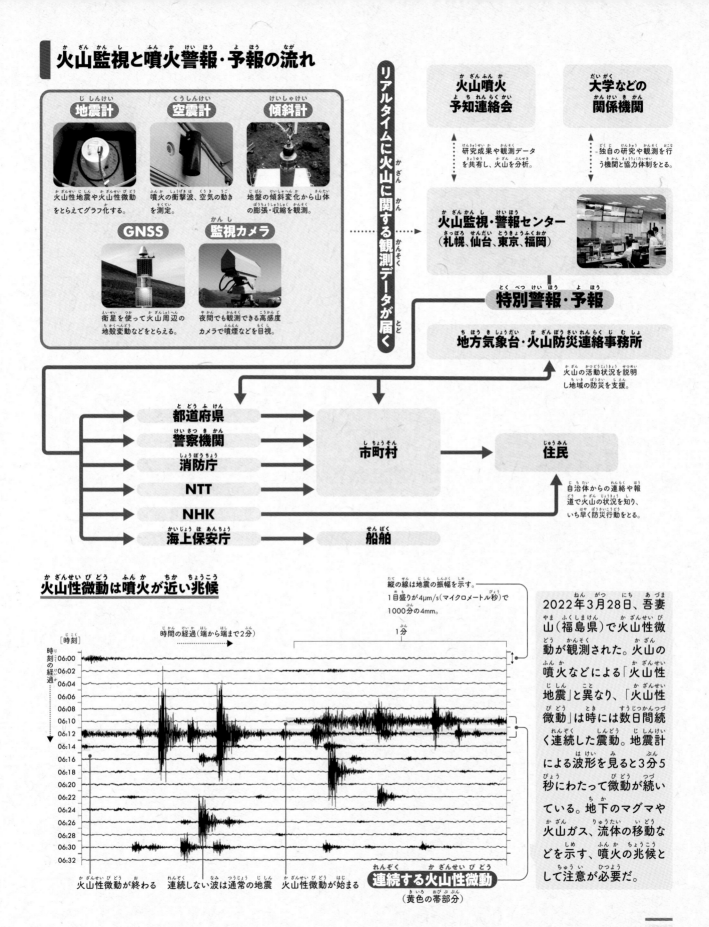

地震計
火山性地震や火山性微動をとらえてグラフ化する。

空震計
噴火の衝撃波、空気の動きを測定。

傾斜計
地盤の傾斜変化から山体の膨張・収縮を観測。

GNSS
衛星を使って火山周辺の地殻変動などをとらえる。

監視カメラ
夜間でも観測できる高感度カメラで噴煙などを目視。

リアルタイムに火山に関する観測データが届く

火山噴火予知連絡会

大学などの関係機関

研究成果や観測データを共有し、火山を分析。

独自の研究や観測を行う機関と協力体制をとる。

火山監視・警報センター
（札幌、仙台、東京、福岡）

特別警報・予報

地方気象台・火山防災連絡事務所

火山の活動状況を説明し地域の防災を支援。

都道府県
警察機関
消防庁
NTT
NHK
海上保安庁

市町村

住民

船舶

自治体からの連絡や報道で火山の状況を知り、いち早く防災行動をとる。

火山性微動は噴火が近い兆候

縦の線は地震の振幅を示す。
1目盛りが4μm/s（マイクロメートル秒）で1000分の4mm。

時間の経過（端から端まで2分）

1分

[時刻]
時刻の経過

06:00
06:02
06:04
06:06
06:08
06:10
06:12
06:14
06:16
06:18
06:20
06:22
06:24
06:26
06:28
06:30
06:32

火山性微動が終わる

連続しない波は通常の地震

火山性微動が始まる

連続する火山性微動
（黄色の帯部分）

2022年3月28日、吾妻山（福島県）で火山性微動が観測された。火山の噴火などによる「火山性地震」と異なり、「火山性微動」は時には数日間続く連続した震動。地震計による波形を見ると3分5秒にわたって微動が続いている。地下のマグマや火山ガス、流体の移動などを示す、噴火の兆候として注意が必要だ。

さくいん [地名はのぞく]

◉監修──鈴木毅彦 すずき・たけひこ

東京都立大学都市環境学部地理環境学科教授。1963年静岡県生まれ。地形学・第四紀学・火山学・自然地理学を専門とし、東京の火山の歴史や地形・地質のなりたちを調べることで、火山噴火などによる自然災害に関する研究もしている。著書に『日本列島の「でこぼこ」風景を読む』（ベレ出版）、共著書に『伊豆諸島の自然と災害』（古今書院）、『わかる！取り組む！ 災害と防災 3火山』（帝国書院）などがある。

◉編集・執筆・写真・図版制作──三宅暁［編輯舎］
◉編集協力・執筆──片倉まゆ、合力佐智子・澤野誠人［株式会社ワード］
◉図版制作──株式会社ワード
◉イラスト──コバヤシヨシノリ
◉写真──PIXTA
◉デザイン／DTP──小沼宏之［Gibbon］

◉表紙──（左から）桜島［鹿児島県］、浅間山［群馬県・長野県］、雌阿寒岳［北海道］
◉裏表紙──（左から）昭和新山［北海道］、樽前山［北海道］

調べてわかる！
日本の山
③火山のしくみと防災の知恵
富士山・浅間山・雲仙岳・有珠山ほか

2024年3月　初版第1刷発行

監修──鈴木毅彦
発行者──三谷 光
発行所──株式会社 汐文社
　　　　〒102-0071　東京都千代田区富士見1-6-1
　　　　TEL 03-6862-5200 FAX 03-6862-5202
　　　　https://www.choubunsha.com
印刷──新星社西川印刷株式会社
製本──東京美術紙工協業組合

ISBN978-4-8113-3063-1　NDC453

火山の大きさ・高さ比べ

リンゴを縦半分に切るように山を縦に切ると、
その断面で地形の特徴や全体の大きさがよくわかる。
遠くからも目立つよく知られている火山を比べてみよう。

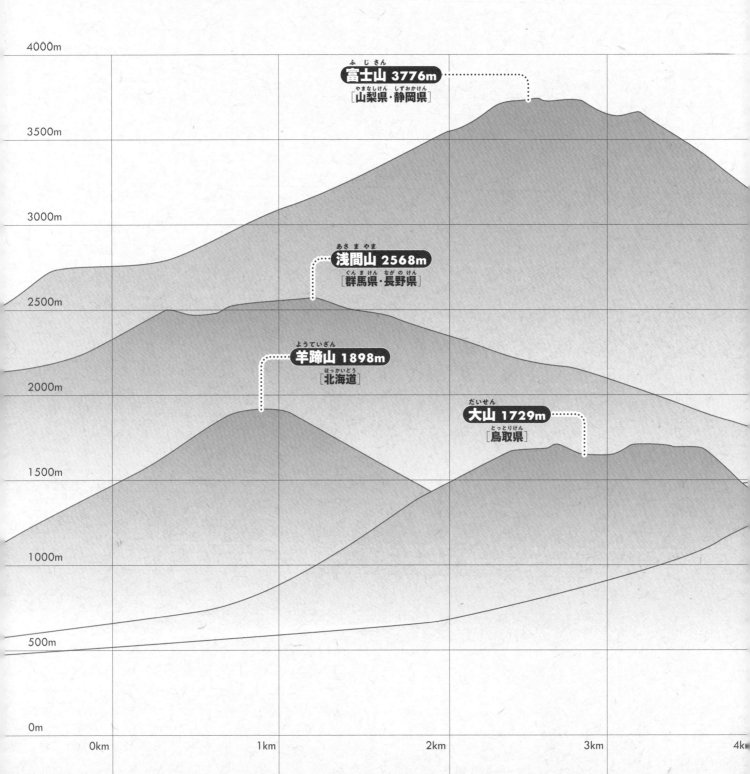

富士山 3776m
[山梨県・静岡県]

浅間山 2568m
[群馬県・長野県]

羊蹄山 1898m
[北海道]

大山 1729m
[鳥取県]

4000m
3500m
3000m
2500m
2000m
1500m
1000m
500m
0m

0km　　1km　　2km　　3km　　4km